Pionnières de Génie

Ces femmes oubliées qui ont façonné la science et la technologie

ALEX ZENMAN

ALEXZENMAN

Copyright © 2024 ALEX ZENMAN

Tous droits réservés.

ISBN : 9798333320186

DÉDICACE

Je dédie ce livre aux "pionnières de Génie" qui ont traversé ma vie...

REMERCIEMENTS

Merci à ces femmes qui, dans l'ombre,
font avancer le monde
Chaque jour d'avantage.

INTRODUCTION

L'histoire de la science et de la technologie est souvent narrée à travers les exploits d'hommes célèbres : Newton, Einstein, Darwin, ou plus récemment, Steve Jobs et Bill Gates. Pourtant, derrière ces noms illustres se cache une réalité plus complexe et diversifiée. Des femmes brillantes et déterminées ont, tout au long de l'histoire, apporté des contributions majeures à notre compréhension du monde et au progrès technologique. Malheureusement, leurs noms et leurs réalisations ont trop souvent été relégués aux marges de l'histoire, voire complètement effacés.

Cet ouvrage se propose de mettre en lumière ces pionnières oubliées, ces femmes extraordinaires qui ont osé défier les conventions de leur époque pour se consacrer à la quête du savoir et de l'innovation. De l'Antiquité à nos jours, elles ont excellé dans des domaines aussi variés que les mathématiques, la physique, la biologie, l'astronomie, l'informatique ou encore l'ingénierie. Leurs découvertes et inventions ont façonné le monde tel que nous le connaissons aujourd'hui.

Le parcours de ces femmes n'a jamais été facile. Elles ont dû surmonter des obstacles considérables, bien au-delà des défis intellectuels inhérents à leurs domaines de recherche. L'accès limité à l'éducation, les préjugés sociaux, la discrimination institutionnelle et le manque de reconnaissance ont jalonné leurs carrières. Certaines ont vu leurs travaux attribués à des collègues masculins, d'autres ont été exclues des institutions académiques ou privées de financement. Malgré ces adversités, elles ont persévéré, poussées par une passion inébranlable pour la science et la découverte.

Au fil des pages de ce livre, nous explorerons les vies fascinantes et les réalisations remarquables de ces femmes. Nous voyagerons à travers les siècles et les continents, des observations astronomiques d'Hypatia d'Alexandrie aux avancées en intelligence artificielle de Fei-Fei Li. Nous découvrirons comment Marie Curie a révolutionné notre compréhension de la radioactivité, comment Grace Hopper a jeté les bases de l'informatique moderne, ou encore comment Barbara McClintock a transformé le champ de la génétique.

Au-delà des biographies individuelles, cet ouvrage

offre une perspective plus large sur la place des femmes dans les domaines scientifiques et technologiques. Nous examinerons les contextes historiques et sociaux qui ont influencé leurs parcours, les obstacles qu'elles ont dû surmonter et l'impact durable de leurs contributions. Nous nous pencherons également sur les défis persistants auxquels font face les femmes dans ces domaines aujourd'hui, ainsi que sur les initiatives visant à encourager la diversité et l'inclusion dans les STEM (Science, Technologie, Ingénierie et Mathématiques).

En redonnant leur juste place à ces pionnières dans l'histoire des sciences et de la technologie, nous espérons non seulement rendre hommage à leurs réalisations exceptionnelles, mais aussi inspirer les générations futures. La science et l'innovation ne peuvent que s'enrichir de la diversité des perspectives et des expériences. En reconnaissant les contributions des femmes du passé, nous ouvrons la voie à un avenir où le talent et la créativité de tous seront pleinement valorisés, indépendamment du genre.

Embarquons ensemble pour ce voyage passionnant à la découverte de ces femmes remarquables qui ont façonné notre monde, souvent dans l'ombre, mais dont l'héritage continue d'illuminer le

ALEXZENMAN

chemin du progrès scientifique et technologique

CHAPITRE 1 : LES PRÉCURSEUSES
(Avant le 20ème siècle)

Bien avant que la science ne devienne une discipline formelle, des femmes exceptionnelles ont contribué à l'avancement des connaissances humaines. Ce chapitre met en lumière trois pionnières remarquables qui ont posé les jalons de la science moderne : Hypatia d'Alexandrie, Maria Sibylla Merian et Ada Lovelace.

Hypatia d'Alexandrie (vers 355-415 après J.-C.)

Née à Alexandrie en Égypte, Hypatia est considérée comme la première femme mathématicienne dont la vie est bien documentée. Fille du mathématicien Théon d'Alexandrie, elle a rapidement dépassé son père en renommée et en accomplissements.

Hypatia excellait en mathématiques et en

astronomie. Elle a enseigné ces disciplines à l'école néoplatonicienne d'Alexandrie, attirant des étudiants de tout l'Empire romain. Ses travaux incluent des commentaires sur les œuvres d'Apollonius de Perge et de Diophante d'Alexandrie, ainsi que des améliorations sur l'astrolabe, un instrument utilisé pour mesurer la position des corps célestes.

Malheureusement, la vie d'Hypatia a pris fin tragiquement. Dans un contexte de tensions politiques et religieuses croissantes à Alexandrie, elle fut assassinée par une foule fanatique. Sa mort symbolise non seulement la perte d'une brillante intellectuelle, mais aussi le déclin de la tradition scientifique alexandrine.

Maria Sibylla Merian (1647-1717)

Née à Francfort, Maria Sibylla Merian était une artiste et naturaliste allemande qui a révolutionné les domaines de l'entomologie et de la botanique. Dès son plus jeune âge, elle a développé une fascination pour les insectes, en particulier les papillons.

Merian a innové en étudiant les insectes dans leur habitat naturel, observant et documentant leurs cycles de vie complets. Son approche était révolutionnaire à une époque où la plupart des naturalistes se contentaient d'étudier des spécimens morts.

En 1699, à l'âge de 52 ans, Merian entreprit un voyage périlleux au Suriname, alors colonie néerlandaise en Amérique du Sud. Pendant deux ans, elle étudia et peignit la flore et la faune locales, produisant des illustrations détaillées et scientifiquement précises. Son ouvrage majeur, "Metamorphosis Insectorum Surinamensium", publié en 1705, est considéré comme une œuvre fondatrice de l'entomologie.

Les travaux de Merian ont non seulement contribué à la compréhension scientifique des insectes, mais ont également influencé l'art botanique et entomologique pour les siècles à venir.

Ada Lovelace (1815-1852)

Augusta Ada King, comtesse de Lovelace, plus connue sous le nom d'Ada Lovelace, est souvent considérée comme la première programmeuse informatique de l'histoire, et ce, bien avant l'invention des ordinateurs modernes.

Fille unique du poète Lord Byron, Lovelace a été élevée par sa mère qui a encouragé son éducation en mathématiques et en sciences pour contrecarrer toute tendance poétique héritée de son père. Cette formation unique a conduit Lovelace à développer ce qu'elle appelait une "science poétique".

Sa rencontre avec Charles Babbage, l'inventeur de la "machine analytique" (un précurseur mécanique de l'ordinateur), a été déterminante. Lovelace a traduit et annoté un article sur la machine de Babbage, ajoutant ses propres notes qui étaient trois fois plus longues que l'article original.

Dans ces notes, Lovelace a décrit comment la machine pourrait être programmée pour calculer les nombres de Bernoulli, ce qui est considéré comme le premier algorithme destiné à être traité par une machine. Plus remarquable encore, elle a envisagé que de telles machines pourraient un jour être utilisées pour composer de la musique, produire des graphiques et avoir des applications au-delà des simples calculs.

Les idées visionnaires de Lovelace sur le potentiel des machines de calcul ont largement dépassé la compréhension de ses contemporains. Ce n'est qu'un siècle plus tard que ses contributions ont été pleinement reconnues, faisant d'elle une figure pionnière de l'informatique moderne.

Conclusion

Hypatia, Merian et Lovelace ont chacune défié les conventions de leur époque, poursuivant leurs passions intellectuelles malgré les obstacles sociaux et culturels. Leurs contributions ont jeté les bases de domaines scientifiques qui continuent d'évoluer aujourd'hui. Elles représentent non seulement les premières étapes de l'implication des femmes dans la science, mais aussi l'esprit d'innovation et de curiosité qui caractérise les meilleures traditions scientifiques.

CHAPITRE 2 : PHYSIQUE ET CHIMIE

Le domaine de la physique et de la chimie a longtemps été perçu comme un bastion masculin. Pourtant, des femmes remarquables ont apporté des contributions fondamentales à ces sciences, repoussant les frontières de notre compréhension de l'univers. Ce chapitre met en lumière trois pionnières dont les travaux ont révolutionné la physique et la chimie : Marie Curie, Lise Meitner et Rosalind Franklin.

Marie Curie (1867-1934)

Marie Skłodowska Curie, née en Pologne et naturalisée française, est l'une des scientifiques les plus célèbres de l'histoire. Ses travaux sur la radioactivité ont non seulement transformé notre compréhension de la matière, mais ont également ouvert la voie à de nouvelles applications médicales et industrielles.

Après avoir obtenu son diplôme de physique à la Sorbonne, Marie Curie a commencé ses recherches sur les rayonnements uraniques découverts par Henri Becquerel. Travaillant aux côtés de son mari Pierre Curie, elle a découvert deux nouveaux éléments radioactifs : le polonium et le radium. Ces découvertes lui ont valu, ainsi qu'à Pierre Curie et Henri Becquerel, le prix Nobel de physique en 1903.

Après la mort tragique de Pierre, Marie Curie a poursuivi ses recherches, devenant la première femme à obtenir une chaire à la Sorbonne. En 1911, elle a reçu un second prix Nobel, cette fois en chimie, pour ses travaux sur le radium et ses composés. Elle reste à ce jour la seule personne à avoir reçu deux prix Nobel dans des sciences différentes.

Les contributions de Marie Curie vont bien au-delà de ses découvertes scientifiques. Pendant la Première Guerre mondiale, elle a développé des unités mobiles de radiographie pour les hôpitaux de campagne. Après la guerre, elle a consacré une grande partie de son temps à la création de l'Institut du Radium à Paris, devenu plus tard l'Institut Curie, un centre de recherche de renommée mondiale en cancérologie.

Lise Meitner (1878-1968)

Lise Meitner, physicienne autrichienne puis suédoise, a joué un rôle crucial dans la découverte de la fission nucléaire, bien que cette contribution ait longtemps été sous-estimée.

Née à Vienne, Meitner a été l'une des premières femmes à obtenir un doctorat en physique à l'Université de Vienne. Elle a ensuite déménagé à Berlin où elle a collaboré avec le chimiste Otto Hahn pendant plus de 30 ans. Ensemble, ils ont étudié la radioactivité et découvert plusieurs isotopes.

En 1938, contrainte de fuir l'Allemagne nazie en raison de ses origines juives, Meitner s'est réfugiée en Suède. C'est là, en collaboration à distance avec Hahn, qu'elle a réalisé l'interprétation théorique de la fission nucléaire. Bien que ce soit Hahn qui ait publié les résultats expérimentaux, c'est Meitner qui a fourni l'explication physique du phénomène, introduisant le terme "fission nucléaire".

Malgré son rôle crucial, Meitner n'a pas été incluse dans le prix Nobel de chimie attribué à Hahn en 1944 pour cette découverte. Cette omission est aujourd'hui considérée comme l'une des plus grandes injustices de l'histoire des prix Nobel.

Le travail de Meitner a eu des implications profondes, ouvrant la voie au développement de l'énergie nucléaire et, malheureusement, des armes nucléaires. Malgré les pressions, elle a refusé de participer au projet Manhattan, exprimant son opposition à l'utilisation de la science à des fins destructrices.

Rosalind Franklin (1920-1958)

Rosalind Franklin, biophysicienne britannique, a joué un rôle crucial dans la compréhension de la structure moléculaire de l'ADN, bien que sa contribution ait été longtemps sous-estimée et n'ait été pleinement reconnue qu'après sa mort prématurée.

Formée à Cambridge, Franklin a développé une expertise en cristallographie aux rayons X. C'est cette technique qu'elle a appliquée à l'étude de l'ADN au King's College de Londres. En 1952, elle a produit la célèbre "Photo 51", une image par diffraction des rayons X qui montrait clairement la structure hélicoïdale de l'ADN.

Cette image, et les données de Franklin, ont été montrées à James Watson et Francis Crick sans son autorisation. Ces informations ont été cruciales pour leur permettre de proposer le modèle correct de la double hélice de l'ADN, pour lequel ils ont reçu le prix Nobel en 1962, avec Maurice Wilkins.

Franklin n'a pas été citée dans le prix Nobel, en partie

parce qu'elle était décédée quatre ans plus tôt d'un cancer de l'ovaire, probablement lié à son exposition aux rayons X au cours de ses recherches. Le prix Nobel n'est pas attribué à titre posthume.

Outre ses travaux sur l'ADN, Franklin a également apporté des contributions importantes à la compréhension de la structure des virus et du charbon. Ses recherches sur le virus de la mosaïque du tabac ont posé les bases de la virologie structurale moderne.

Conclusion

Marie Curie, Lise Meitner et Rosalind Franklin ont chacune apporté des contributions fondamentales à notre compréhension du monde physique. Leurs découvertes ont non seulement fait progresser la science, mais ont également ouvert la voie à de nombreuses applications pratiques qui continuent d'avoir un impact sur notre vie quotidienne. Bien que leur reconnaissance n'ait pas toujours été à la hauteur de leurs réalisations de leur vivant, leur héritage continue d'inspirer les générations suivantes de scientifiques, hommes et femmes confondus.

CHAPITRE 3 : MATHÉMATIQUES ET INFORMATIQUE

Les mathématiques et l'informatique sont souvent perçues comme des domaines dominés par les hommes. Pourtant, des femmes exceptionnelles ont joué des rôles cruciaux dans le développement de ces disciplines. Ce chapitre met en lumière trois pionnières dont les contributions ont façonné les mathématiques modernes et jeté les bases de l'ère informatique : Emmy Noether, Grace Hopper et Katherine Johnson.

Emmy Noether (1882-1935)

Amalie Emmy Noether, mathématicienne allemande, est considérée par beaucoup comme la femme la plus importante de l'histoire des mathématiques. Ses travaux ont révolutionné l'algèbre abstraite et la physique théorique.

Née dans une famille de mathématiciens à Erlangen, en Allemagne, Noether a dû surmonter de nombreux obstacles pour poursuivre une carrière académique. À une époque où les femmes étaient rarement admises dans les universités, elle a d'abord assisté aux cours en tant qu'auditrice avant d'obtenir finalement son doctorat en 1907.

Noether est surtout connue pour ses contributions fondamentales à l'algèbre abstraite. Elle a développé la théorie des anneaux, des corps et des algèbres, jetant les bases de l'algèbre moderne. Son approche, qui mettait l'accent sur les concepts abstraits et les structures générales plutôt que sur les calculs spécifiques, a transformé la façon dont les mathématiciens abordent leur discipline.

En physique, le théorème de Noether, qui établit le lien entre les symétries et les lois de conservation, est considéré comme l'un des résultats les plus importants de la physique mathématique du 20e siècle. Ce théorème a des applications profondes en mécanique quantique et en théorie des champs.

Malgré ses contributions remarquables, Noether a longtemps été marginalisée dans le monde académique en raison de son sexe. Ce n'est qu'en 1919 qu'elle a obtenu un poste d'enseignante à l'Université de Göttingen, et ce, sans salaire. Elle a finalement été contrainte de quitter l'Allemagne en 1933 en raison de ses origines juives et de ses convictions politiques.

Grace Hopper (1906-1992)

Grace Brewster Murray Hopper, mathématicienne et informaticienne américaine, est une figure pionnière de l'informatique moderne. Ses travaux ont jeté les bases des langages de programmation que nous utilisons aujourd'hui.

Hopper a obtenu son doctorat en mathématiques à Yale en 1934, une réalisation rare pour une femme à cette époque. Pendant la Seconde Guerre mondiale, elle a rejoint la Marine américaine, où elle a été affectée au Bureau of Ships Computation Project à Harvard.

C'est là qu'elle a commencé à travailler sur le Mark I, l'un des premiers ordinateurs électromécaniques. Hopper a écrit le manuel d'utilisation pour le Mark I, marquant le début de sa carrière pionnière en informatique.

Après la guerre, Hopper a travaillé sur le développement du UNIVAC I, le premier ordinateur commercial produit aux États-Unis. Sa contribution la plus significative a été la création du premier compilateur, un programme qui traduit les instructions écrites en langage humain en code machine. Cette innovation a ouvert la voie au développement de langages de programmation plus accessibles.

Hopper a joué un rôle clé dans le développement du COBOL (Common Business-Oriented Language), l'un des premiers langages de programmation de haut niveau. Elle a également popularisé le terme "bug" pour désigner une erreur informatique, après avoir trouvé un véritable insecte coincé dans un relais du Mark II.

Tout au long de sa carrière, Hopper a plaidé pour une informatique plus accessible et plus intuitive. Elle a continué à enseigner et à donner des conférences bien après sa retraite, inspirant de nouvelles générations d'informaticiens.

Katherine Johnson (1918-2020)

Katherine Coleman Goble Johnson, mathématicienne afro-américaine, a joué un rôle crucial dans le succès du programme spatial américain, à une époque où les barrières raciales et de genre étaient omniprésentes.

Née en Virginie-Occidentale, Johnson a montré très tôt un talent exceptionnel pour les mathématiques. Elle a intégré l'université à seulement 15 ans et a obtenu des diplômes en mathématiques et en français.

En 1953, Johnson a rejoint le National Advisory Committee for Aeronautics (NACA), qui deviendra plus tard la NASA. Elle faisait partie d'un groupe de femmes afro-américaines connues sous le nom de "calculatrices humaines", qui effectuaient des calculs complexes manuellement pour les ingénieurs.

Les compétences exceptionnelles de Johnson l'ont rapidement distinguée. Elle a calculé la trajectoire du vol spatial d'Alan Shepard, le premier Américain dans l'espace. Plus tard, elle a vérifié les calculs de l'ordinateur pour la mission orbitale de John Glenn, gagnant la confiance de l'astronaute qui a insisté pour que "la fille" (comme il appelait Johnson) vérifie les chiffres avant son vol.

L'une des contributions les plus importantes de Johnson a été son travail sur la mission Apollo 11, qui a amené les premiers hommes sur la Lune. Ses calculs ont été essentiels pour synchroniser le module lunaire avec le module de commande et de service en orbite.

Malgré ses contributions cruciales, Johnson et ses collègues afro-américaines ont dû faire face à une discrimination systémique. Elles travaillaient dans des bureaux ségrégués et n'étaient pas créditées pour leur travail dans les rapports officiels.

Ce n'est que tardivement que Johnson a reçu la reconnaissance qu'elle méritait. En 2015, à l'âge de 97 ans, elle a reçu la Médaille présidentielle de la Liberté, la plus haute distinction civile aux États-Unis.

Conclusion

Emmy Noether, Grace Hopper et Katherine Johnson ont chacune apporté des contributions fondamentales aux mathématiques et à l'informatique. Leurs travaux ont non seulement fait progresser ces disciplines, mais ont également eu des implications profondes dans des domaines allant de la physique théorique à l'exploration spatiale. Malgré les obstacles auxquels elles ont été confrontées en raison de leur sexe et, dans le cas de Johnson, de leur race, ces femmes ont persévéré, laissant un héritage qui continue d'inspirer les scientifiques et les ingénieurs d'aujourd'hui.

CHAPITRE 4 : BIOLOGIE ET MÉDECINE

Le domaine de la biologie et de la médecine a vu émerger des femmes scientifiques exceptionnelles qui ont transformé notre compréhension du vivant et révolutionné les soins de santé. Ce chapitre met en lumière trois pionnières dont les découvertes ont eu un impact profond : Barbara McClintock, Rita Levi-Montalcini et Tu Youyou.

Barbara McClintock (1902-1992)

Barbara McClintock, généticienne américaine, est reconnue pour ses travaux révolutionnaires sur la génétique du maïs, qui ont transformé notre compréhension de la structure et du fonctionnement des gènes.

Née à Hartford, Connecticut, McClintock a obtenu son doctorat en botanique à l'Université Cornell en 1927. Dès le début de sa carrière, elle s'est distinguée par sa capacité à visualiser et à interpréter les chromosomes du maïs au microscope, une compétence qui allait s'avérer cruciale pour ses découvertes ultérieures.

Dans les années 1940 et 1950, McClintock a fait une série d'observations qui remettaient en question la vision statique du génome qui prévalait à l'époque. Elle a découvert l'existence d'éléments génétiques mobiles, qu'elle a appelés "éléments de contrôle" et qui sont aujourd'hui connus sous le nom de transposons. Ces séquences d'ADN capables de se déplacer au sein du génome jouent un rôle crucial dans la régulation génétique et l'évolution.

Les découvertes de McClintock étaient si en avance sur leur temps qu'elles ont d'abord été accueillies avec scepticisme par la communauté scientifique. Ce n'est que dans les années 1960 et 1970, lorsque des phénomènes similaires ont été observés chez les bactéries et d'autres organismes, que l'importance de ses travaux a été pleinement reconnue.

En 1983, à l'âge de 81 ans, McClintock a reçu le prix Nobel de physiologie ou médecine pour sa découverte des éléments génétiques mobiles. Elle reste à ce jour la seule femme à avoir reçu un prix Nobel non partagé dans cette catégorie.

Rita Levi-Montalcini (1909-2012)

Rita Levi-Montalcini, neurobiologiste italienne, est célèbre pour sa découverte du facteur de croissance nerveuse (NGF), une protéine essentielle au développement et à la survie des neurones.

Née dans une famille juive à Turin, Levi-Montalcini a dû surmonter de nombreux obstacles pour poursuivre sa carrière scientifique. Les lois raciales fascistes de 1938 l'ont empêchée de travailler dans les institutions académiques italiennes. Elle a donc installé un laboratoire de fortune dans sa chambre à coucher pour poursuivre ses recherches.

Après la Seconde Guerre mondiale, Levi-Montalcini a rejoint l'Université Washington à Saint-Louis, où elle a mené ses travaux les plus importants. En collaboration avec le biochimiste Stanley Cohen, elle a isolé et identifié le NGF, une découverte qui a ouvert un nouveau champ de recherche sur la croissance et la différenciation cellulaires.

Le NGF s'est avéré avoir des implications bien au-delà du système nerveux. Il joue un rôle dans le système immunitaire, la cicatrisation des plaies et même dans certaines maladies comme le cancer et la maladie d'Alzheimer.

En 1986, Levi-Montalcini et Cohen ont reçu le prix Nobel de physiologie ou médecine pour leur découverte des facteurs de croissance. Levi-Montalcini a continué à travailler bien après l'âge de la retraite, dirigeant l'Institut de recherche sur le cerveau du Conseil national de la recherche italien jusqu'à sa mort à l'âge de 103 ans.

Tu Youyou (née en 1930)

Tu Youyou, pharmacologue chinoise, est connue pour sa découverte de l'artémisinine, un médicament qui a révolutionné le traitement du paludisme et sauvé des millions de vies.

Née à Ningbo, dans la province du Zhejiang, Tu a étudié la pharmacologie à l'École de médecine de Pékin. Dans les années 1960, alors que le paludisme résistant à la chloroquine devenait un problème majeur, le gouvernement chinois a lancé un projet secret, le Projet 523, pour trouver de nouveaux traitements antipaludiques.

Tu a été nommée à la tête d'une équipe de recherche dans le cadre de ce projet. S'inspirant de la médecine traditionnelle chinoise, elle s'est intéressée à l'armoise annuelle (Artemisia annua), une plante utilisée depuis des siècles pour traiter la fièvre.

Après des années d'essais et d'erreurs, Tu et son équipe ont réussi à isoler le composé actif de l'armoise, l'artémisinine, en 1972. Les tests cliniques ont montré que l'artémisinine était remarquablement efficace contre le paludisme, y compris les souches résistantes aux autres médicaments.

La découverte de Tu est restée largement inconnue en dehors de la Chine pendant des décennies. Ce n'est qu'au début des années 2000 que l'Organisation mondiale de la santé a recommandé les thérapies combinées à base d'artémisinine comme traitement de première ligne contre le paludisme.

En 2015, Tu a reçu le prix Nobel de physiologie ou médecine pour sa découverte de l'artémisinine. Elle est la première citoyenne chinoise à recevoir un prix Nobel en sciences naturelles et la seule lauréate du Nobel en sciences à n'avoir jamais travaillé hors de Chine.

Conclusion

Barbara McClintock, Rita Levi-Montalcini et Tu Youyou ont chacune apporté des contributions fondamentales à notre compréhension du vivant et à l'amélioration de la santé humaine. Leurs découvertes, de la mobilité des gènes aux facteurs de croissance nerveuse en passant par de nouveaux traitements contre le paludisme, ont ouvert de nouveaux champs de recherche et sauvé d'innombrables vies. Malgré les obstacles auxquels elles ont été confrontées, ces femmes ont persévéré, laissant un héritage durable dans le domaine de la biologie et de la médecine.

CHAPITRE 5 : ASTRONOMIE ET EXPLORATION SPATIALE

L'astronomie et l'exploration spatiale ont longtemps été perçues comme des domaines dominés par les hommes. Pourtant, des femmes remarquables ont joué des rôles cruciaux dans notre compréhension de l'univers et dans la conquête de l'espace. Ce chapitre met en lumière trois pionnières dont les contributions ont été déterminantes : Henrietta Swan Leavitt, Jocelyn Bell Burnell et Mae Jemison.

Henrietta Swan Leavitt (1868-1921)

Henrietta Swan Leavitt, astronome américaine, a fait une découverte qui a révolutionné notre compréhension de l'échelle de l'univers.

Née à Lancaster, Massachusetts, Leavitt a étudié au Radcliffe College avant de rejoindre l'Observatoire du Harvard College en 1893 comme "calculatrice". À cette époque, de nombreuses femmes étaient employées pour analyser des données astronomiques, un travail considéré comme fastidieux et peu prestigieux.

Leavitt s'est vue confier la tâche d'étudier les étoiles variables, dont la luminosité change périodiquement. En examinant des plaques photographiques d'étoiles variables dans les Nuages de Magellan, elle a fait une observation cruciale : il existait une relation entre la période de variation de luminosité d'un certain type d'étoiles (les Céphéides) et leur luminosité intrinsèque.

Cette découverte, connue sous le nom de relation période-luminosité, a fourni aux astronomes un "mètre étalon" pour mesurer les distances cosmiques. Elle a permis à Edwin Hubble de prouver que l'univers s'étend au-delà de notre galaxie et a jeté les bases de la théorie du Big Bang.

Malheureusement, Leavitt n'a pas reçu la reconnaissance qu'elle méritait de son vivant. Son travail a été publié sous le nom de son superviseur, Edward Pickering, et elle n'a été créditée que dans une note de bas de page.

Jocelyn Bell Burnell (née en 1943)

Jocelyn Bell Burnell, astrophysicienne nord-irlandaise, est célèbre pour sa découverte des pulsars, qui a ouvert un nouveau champ d'étude en astronomie.

Née à Belfast, Bell Burnell a étudié la physique à l'Université de Glasgow avant de poursuivre un doctorat à l'Université de Cambridge. C'est là, en 1967, alors qu'elle travaillait sur son projet de thèse sous la direction d'Antony Hewish, qu'elle a fait sa découverte révolutionnaire.

En analysant les données d'un radiotélescope qu'elle avait aidé à construire, Bell Burnell a remarqué un signal radio inhabituel et régulier. Après des mois d'observation et d'analyse minutieuse, elle et son équipe ont conclu qu'ils avaient découvert un nouveau type d'objet céleste : les pulsars, des étoiles à neutrons en rotation rapide émettant des faisceaux de radiation.

La découverte des pulsars a eu des implications profondes pour notre compréhension de l'évolution stellaire et a fourni de nouveaux outils pour tester la théorie de la relativité d'Einstein.

Malgré son rôle crucial dans cette découverte, Bell

Burnell n'a pas été incluse dans le prix Nobel de physique attribué en 1974 à Hewish et Martin Ryle pour ce travail. Cette omission a suscité une controverse et a mis en lumière les inégalités de genre dans la reconnaissance scientifique.

Mae Jemison (née en 1956)

Mae Carol Jemison, médecin et astronaute américaine, est entrée dans l'histoire en devenant la première femme afro-américaine à voyager dans l'espace.

Née à Decatur, Alabama, Jemison a montré dès son plus jeune âge un intérêt pour la science et l'espace. Elle a obtenu des diplômes en génie chimique à Stanford et en médecine à Cornell avant de travailler comme médecin généraliste et pour le Corps de la Paix en Afrique de l'Ouest.

En 1987, Jemison a été sélectionnée par la NASA pour rejoindre le corps des astronautes. Après cinq ans d'entraînement, elle a embarqué à bord de la navette spatiale Endeavour en septembre 1992 pour la mission STS-47. Au cours de cette mission de huit jours, Jemison a mené des expériences sur l'apesanteur et le mal des transports dans l'espace.

Le vol de Jemison a marqué un tournant important dans l'histoire de l'exploration spatiale, brisant les barrières raciales et de genre. Après avoir quitté la NASA en 1993, elle a continué à promouvoir la science et la technologie, en particulier auprès des jeunes et des minorités.

Jemison est également connue pour son apparition dans un épisode de "Star Trek : La Nouvelle Génération", devenant la première véritable astronaute à apparaître dans la série. Elle continue de plaider pour la diversité dans les STEM et pour l'exploration spatiale interstellaire.

Conclusion

Henrietta Swan Leavitt, Jocelyn Bell Burnell et Mae Jemison ont chacune apporté des contributions uniques et significatives à l'astronomie et à l'exploration spatiale. De la mesure des distances cosmiques à la découverte de nouveaux objets célestes, en passant par la réalisation de vols spatiaux historiques, ces femmes ont non seulement fait progresser notre compréhension de l'univers, mais ont également ouvert la voie à une plus grande diversité dans ces domaines. Leurs parcours inspirants rappellent l'importance de reconnaître et de célébrer les contributions des femmes dans les sciences de l'espace.

CHAPITRE 6 : INGÉNIERIE ET INVENTIONS

L'ingénierie et l'innovation technologique ont longtemps été perçues comme des domaines masculins. Pourtant, des femmes visionnaires ont apporté des contributions révolutionnaires qui ont transformé notre monde. Ce chapitre met en lumière trois pionnières dont les inventions et innovations ont eu un impact durable : Hedy Lamarr, Stephanie Kwolek et Lynn Conway.

Hedy Lamarr (1914-2000)

Hedy Lamarr, actrice autrichienne naturalisée américaine, est célèbre non seulement pour sa carrière à Hollywood, mais aussi pour son invention révolutionnaire dans le domaine des télécommunications.

Née à Vienne sous le nom de Hedwig Eva Maria Kiesler, Lamarr a commencé sa carrière d'actrice en Europe avant de s'installer aux États-Unis, où elle est devenue une star de cinéma. Cependant, son intelligence et sa curiosité l'ont poussée bien au-delà du grand écran.

Pendant la Seconde Guerre mondiale, Lamarr a cherché un moyen de contribuer à l'effort de guerre. En collaboration avec le compositeur George Antheil, elle a développé un système de communication secret visant à guider les torpilles sans être détecté par l'ennemi. Leur invention, brevetée en 1942, utilisait une technique appelée "saut de fréquence" pour éviter le brouillage des signaux radio.

Bien que cette technologie n'ait pas été utilisée pendant la guerre, elle a jeté les bases de la communication sans fil moderne. Le principe du saut de fréquence est aujourd'hui utilisé dans le GPS, le Wi-Fi et le Bluetooth.

Malgré l'importance de son invention, Lamarr n'a reçu que tardivement la reconnaissance pour sa contribution à la technologie. Ce n'est qu'en 1997 qu'elle a reçu le Pioneer Award de l'Electronic Frontier Foundation.

Stephanie Kwolek (1923-2014)

Stephanie Kwolek, chimiste américaine, est l'inventrice du Kevlar, un matériau synthétique cinq fois plus résistant que l'acier à poids égal.

Née en Pennsylvanie de parents polonais, Kwolek a étudié la chimie à l'Université Carnegie Mellon avant de rejoindre DuPont en 1946. C'est là qu'elle a passé la majeure partie de sa carrière, travaillant sur le développement de nouvelles fibres synthétiques.

En 1965, alors qu'elle cherchait à créer une fibre légère et résistante pour les pneus, Kwolek a découvert un polymère liquide cristallin qui, une fois filé, produisait des fibres d'une résistance exceptionnelle. Ce matériau est devenu le Kevlar.

Le Kevlar a rapidement trouvé de nombreuses applications au-delà des pneus. Il est aujourd'hui utilisé dans les gilets pare-balles, les casques, les équipements sportifs, et même dans l'aérospatiale. Son invention a sauvé d'innombrables vies, notamment celles des policiers et des militaires.

Kwolek a reçu de nombreuses distinctions pour son travail, dont la médaille Lavoisier de DuPont et le Prix Lemelson-MIT pour l'ensemble de sa carrière. Elle a également été intronisée au National Inventors Hall of Fame en 1995.

Lynn Conway (née en 1938)

Lynn Conway, informaticienne et ingénieure électricienne américaine, est une pionnière dans le domaine de la microélectronique et une figure importante de la communauté transgenre.

Née dans le New Jersey, Conway a étudié la physique au MIT avant de rejoindre IBM en 1964. C'est là qu'elle a fait des contributions importantes à l'architecture des ordinateurs, notamment en travaillant sur le superordinateur ACS d'IBM.

Cependant, sa carrière chez IBM a été brutalement interrompue en 1968 lorsqu'elle a annoncé son intention de faire une transition de genre. Licenciée par IBM, Conway a dû recommencer sa carrière sous sa nouvelle identité.

Malgré ces défis, Conway a persévéré et a continué à faire des contributions majeures à son domaine. Dans les années 1970, alors qu'elle travaillait au Xerox PARC, elle a co-développé les techniques de conception de circuits intégrés à très grande échelle (VLSI) qui ont révolutionné la conception des puces électroniques.

Conway a ensuite enseigné ces techniques à travers un cours novateur au MIT, qui s'est rapidement répandu dans d'autres universités. Son livre "Introduction to VLSI Systems", co-écrit avec Carver Mead, est devenu un texte fondamental dans le domaine.

Les contributions de Conway ont joué un rôle crucial dans la révolution des microprocesseurs des années 1980. Elle a reçu de nombreuses distinctions pour son travail, dont le prix de l'innovation de l'Electronic Design Hall of Fame.

En plus de ses réalisations scientifiques, Conway est devenue une figure importante de la communauté LGBTQ+, plaidant pour les droits des personnes transgenres et servant de modèle pour les scientifiques et ingénieurs LGBTQ+.

Conclusion

Hedy Lamarr, Stephanie Kwolek et Lynn Conway ont chacune apporté des contributions révolutionnaires à l'ingénierie et à l'innovation technologique. De la communication sans fil aux matériaux haute performance en passant par la conception de circuits intégrés, leurs inventions et innovations ont façonné le monde moderne. Leurs parcours, souvent marqués par des défis personnels et professionnels, témoignent de la persévérance et de la créativité nécessaires pour repousser les frontières de la technologie. Leur héritage continue d'inspirer les nouvelles générations d'ingénieurs et d'inventeurs, rappelant l'importance de la diversité et de l'inclusion dans l'innovation technologique.:

CHAPITRE 7 : ENVIRONNEMENT ET ÉCOLOGIE

Le domaine de l'environnement et de l'écologie a connu des avancées significatives grâce aux contributions de femmes scientifiques visionnaires. Ce chapitre met en lumière trois pionnières dont les travaux ont eu un impact profond sur notre compréhension de l'environnement et ont contribué à façonner le mouvement écologique moderne : Rachel Carson, Wangari Maathai et Sylvia Earle.

Rachel Carson (1907-1964)

Rachel Carson, biologiste marine et écrivaine américaine, est largement reconnue comme l'une des figures fondatrices du mouvement environnemental moderne. Son livre "Silent Spring" (Printemps silencieux), publié en 1962, a joué un rôle crucial dans la sensibilisation du public aux dangers des pesticides et a conduit à des changements significatifs dans les politiques environnementales.

Née en Pennsylvanie, Carson a développé très tôt une passion pour la nature et l'écriture. Après avoir obtenu une maîtrise en zoologie à l'Université Johns Hopkins, elle a travaillé pour le U.S. Fish and Wildlife Service, où elle a acquis une vaste connaissance des écosystèmes marins.

Carson a commencé sa carrière d'écrivaine en publiant des articles sur la vie marine, suivis de plusieurs livres à succès sur les océans. Cependant, c'est "Silent Spring" qui a véritablement marqué un tournant. Dans cet ouvrage, Carson a documenté les effets néfastes des pesticides, en particulier le DDT, sur la faune et la santé humaine. Elle a mis en évidence la façon dont ces produits chimiques s'accumulent dans la chaîne alimentaire, causant des dommages à long terme aux écosystèmes.

La publication de "Silent Spring" a déclenché une controverse importante, Carson faisant l'objet d'attaques virulentes de la part de l'industrie chimique. Malgré cela, son livre a eu un impact profond, conduisant à l'interdiction du DDT aux

États-Unis et à la création de l'Environmental Protection Agency (EPA).

Le travail de Carson a jeté les bases de l'écotoxicologie moderne et a inspiré une génération de militants environnementaux. Son héritage continue d'influencer la politique environnementale et la sensibilisation du public aux questions écologiques.

Wangari Maathai (1940-2011)

Wangari Maathai, biologiste kenyane et militante environnementale, est devenue la première femme africaine à recevoir le prix Nobel de la paix en 2004 pour sa contribution au développement durable, à la démocratie et à la paix.

Née dans les hauts plateaux du Kenya, Maathai a bénéficié d'une éducation peu commune pour une fille kenyane de l'époque. Elle a obtenu une licence en biologie aux États-Unis, puis est devenue la première femme d'Afrique de l'Est à obtenir un doctorat, en anatomie vétérinaire.

En 1977, Maathai a fondé le Green Belt Movement, une organisation non gouvernementale axée sur la plantation d'arbres, la conservation de l'environnement et l'autonomisation des femmes. L'initiative a commencé modestement, encourageant les femmes rurales à planter des arbres pour lutter contre la déforestation et l'érosion des sols. Au fil des ans, le mouvement s'est étendu, plantant plus de 51 millions d'arbres au Kenya et formant des milliers de femmes à la foresterie, à l'apiculture et à d'autres pratiques durables.

Le travail de Maathai a établi un lien crucial entre la dégradation de l'environnement, la pauvreté et les conflits. Elle a plaidé pour une approche holistique du développement durable, soulignant l'importance de la démocratie, des droits de l'homme et de l'égalité des sexes dans la protection de l'environnement.

Malgré la répression politique et les difficultés personnelles, Maathai est restée une voix puissante pour l'environnement et les droits des femmes. Son travail a inspiré des mouvements similaires dans d'autres pays africains et au-delà, démontrant le pouvoir des actions locales dans la lutte contre les problèmes environnementaux mondiaux.

Sylvia Earle (née en 1935)

Sylvia Earle, océanographe et exploratrice américaine, est l'une des plus éminentes défenseuses des océans au monde. Surnommée "Her Deepness" (Son Altesse des Profondeurs) par le New Yorker et le New York Times, Earle a consacré sa vie à l'exploration et à la protection des écosystèmes marins.

Née au New Jersey, Earle a développé très tôt une fascination pour la vie marine. Elle a obtenu un doctorat en phycologie (l'étude des algues) à l'Université Duke en 1966. Sa carrière a été marquée par de nombreuses premières : elle a été la première femme scientifique en chef de la National Oceanic and Atmospheric Administration (NOAA) et a établi plusieurs records de plongée en eau profonde.

En 1970, Earle a dirigé la première équipe de femmes aquanautes dans le cadre du projet Tektite II, vivant pendant deux semaines dans un habitat sous-marin. Cette expérience a renforcé sa conviction de l'importance de l'exploration océanique prolongée.

Tout au long de sa carrière, Earle a mené plus de 100 expéditions et passé plus de 7 000 heures sous l'eau. Elle a été pionnière dans l'utilisation de technologies sous-marines avancées et a joué un rôle clé dans la conception de sous-marins de recherche.

Les contributions scientifiques d'Earle sont nombreuses, allant de la découverte de nouvelles espèces à l'étude de l'impact des marées noires sur les écosystèmes marins. Cependant, c'est peut-être son travail de sensibilisation qui a eu l'impact le plus durable. Earle a utilisé sa plateforme pour plaider passionnément en faveur de la protection des océans, soulignant leur importance cruciale pour la santé de la planète.

En 2009, Earle a fondé Mission Blue, une organisation dédiée à la création d'un réseau mondial d'aires marines protégées qu'elle appelle "Hope Spots" (Points d'Espoir). Cette initiative vise à protéger 30% des océans du monde d'ici 2030.

Conclusion

Rachel Carson, Wangari Maathai et Sylvia Earle ont chacune apporté des contributions uniques et durables à notre compréhension et à la protection de l'environnement. De la sensibilisation aux dangers des pesticides à la reforestation à grande échelle, en passant par l'exploration et la conservation des océans, ces femmes ont non seulement fait progresser la science écologique, mais ont également inspiré des mouvements mondiaux pour la protection de notre planète. Leur héritage continue d'influencer les politiques environnementales et d'inspirer de nouvelles générations de scientifiques et de militants écologistes.

CHAPITRE 8 : TECHNOLOGIES ÉMERGENTES

Les technologies émergentes façonnent rapidement notre monde, ouvrant de nouvelles frontières dans la science et l'innovation. Ce chapitre met en lumière trois femmes pionnières dont les travaux révolutionnaires dans les domaines du laser, de l'édition génomique et de l'intelligence artificielle redéfinissent les limites du possible : Donna Strickland, Jennifer Doudna et Fei-Fei Li.

Donna Strickland (née en 1959)

Donna Strickland, physicienne canadienne, est devenue en 2018 la troisième femme de l'histoire à recevoir le prix Nobel de physique, pour ses travaux révolutionnaires sur les lasers à impulsion ultracourte.

Née à Guelph, Ontario, Strickland a développé une passion précoce pour la physique et l'optique. Elle a obtenu son doctorat à l'Université de Rochester en 1989, travaillant sous la direction de Gérard Mourou. C'est durant cette période qu'elle a réalisé les travaux qui lui vaudront plus tard le prix Nobel.

La contribution majeure de Strickland réside dans le développement de la technique d'amplification par dérive de fréquence (CPA) pour les lasers. Cette méthode permet de générer des impulsions laser ultracourtes et de très haute intensité sans endommager le milieu amplificateur.

Le principe de la CPA consiste à étirer temporellement une impulsion laser, à l'amplifier, puis à la recomprimer. Cette technique a révolutionné la physique des lasers, permettant de créer des impulsions laser d'une puissance sans précédent.

Les applications de cette découverte sont vastes et variées. En médecine, les lasers à impulsion ultracourte sont utilisés pour la chirurgie oculaire et le traitement de certains cancers. En industrie, ils servent à la découpe de précision et au micro-usinage. En recherche fondamentale, ils permettent d'étudier des phénomènes ultrarapides en physique, chimie et biologie.

Malgré l'importance de ses travaux, Strickland est restée relativement peu connue jusqu'à l'attribution du prix Nobel. Son cas a mis en lumière le manque de reconnaissance persistant dont souffrent souvent les femmes scientifiques.

Jennifer Doudna (née en 1964)

Jennifer Doudna, biochimiste américaine, est co-lauréate du prix Nobel de chimie 2020 pour son travail pionnier sur la technologie d'édition génomique CRISPR-Cas9.

Née à Washington D.C. et élevée à Hawaï, Doudna a développé très tôt une fascination pour la science. Elle a obtenu son doctorat à Harvard en 1989, se spécialisant dans la biochimie et la biologie moléculaire.

La contribution majeure de Doudna est le développement, avec sa collaboratrice Emmanuelle Charpentier, de la technologie CRISPR-Cas9. Cette technique révolutionnaire permet de modifier l'ADN avec une précision et une facilité sans précédent.

CRISPR-Cas9 fonctionne comme des "ciseaux moléculaires", capables de couper l'ADN à des endroits spécifiques. Cette technologie ouvre des possibilités immenses dans de nombreux domaines :

- En médecine, elle pourrait permettre de traiter des maladies génétiques et de développer de nouvelles thérapies contre le cancer.

- En agriculture, elle pourrait aider à créer des cultures plus résistantes aux parasites et aux conditions climatiques extrêmes.

- En recherche fondamentale, elle offre un outil puissant pour étudier le fonctionnement des gènes.

Cependant, CRISPR soulève également des questions éthiques importantes, notamment concernant l'édition génomique des embryons humains. Doudna a joué un rôle actif dans le débat public sur ces questions, plaidant pour une utilisation responsable de cette technologie.

Fei-Fei Li (née en 1976)

Fei-Fei Li, informaticienne américaine d'origine chinoise, est une pionnière dans le domaine de l'intelligence artificielle (IA) et de la vision par ordinateur.

Née à Pékin et émigrée aux États-Unis à l'âge de 16 ans, Li a obtenu son doctorat en ingénierie électrique à l'Université de Californie à Los Angeles en 2005.

La contribution majeure de Li est le développement d'ImageNet, une vaste base de données d'images annotées qui a révolutionné l'apprentissage automatique et la vision par ordinateur. Lancé en 2009, ImageNet contient plus de 14 millions d'images étiquetées manuellement.

ImageNet a joué un rôle crucial dans l'essor de l'apprentissage profond, une technique d'IA qui a permis des avancées spectaculaires dans la reconnaissance d'images, la traduction automatique et de nombreux autres domaines.

Au-delà d'ImageNet, Li a apporté des contributions significatives à la compréhension de la vision humaine et artificielle. Ses recherches visent à créer des systèmes d'IA capables de comprendre et d'interagir avec le monde de manière similaire aux humains.

Li est également une ardente défenseuse de la diversité et de l'éthique en IA. Elle a cofondé AI4ALL, une organisation à but non lucratif visant à accroître la diversité et l'inclusion dans l'IA. Elle plaide régulièrement pour une IA centrée sur l'humain et socialement responsable.

Conclusion

Donna Strickland, Jennifer Doudna et Fei-Fei Li incarnent l'esprit d'innovation qui caractérise les technologies émergentes. Leurs travaux, du développement de lasers ultrarapides à l'édition génomique de précision en passant par l'intelligence artificielle avancée, repoussent les frontières de la science et de la technologie.

Ces femmes ne sont pas seulement des scientifiques exceptionnelles ; elles sont aussi des modèles inspirants et des voix influentes dans leurs domaines respectifs. Elles démontrent l'importance cruciale de la diversité dans l'innovation scientifique et technologique, ouvrant la voie à une nouvelle génération de femmes scientifiques.

Alors que nous naviguons dans les défis éthiques et sociétaux posés par ces technologies émergentes, les perspectives et le leadership de scientifiques comme Strickland, Doudna et Li seront essentiels pour garantir que ces avancées bénéficient à l'ensemble de l'humanité.

CHAPITRE 9 : LES PIONNIÈRES D'AUJOURD'HUI ET DE DEMAIN

Alors que nous avons exploré les contributions remarquables des femmes scientifiques du passé et du présent, il est tout aussi important de se tourner vers l'avenir. Ce chapitre met en lumière les jeunes scientifiques prometteuses d'aujourd'hui, les initiatives visant à encourager les femmes dans les STEM (Science, Technologie, Ingénierie et Mathématiques), et les défis persistants auxquels elles sont confrontées.

Les jeunes scientifiques et innovatrices prometteuses

L'avenir de la science et de la technologie repose sur

une nouvelle génération de femmes talentueuses et déterminées. Voici quelques exemples de jeunes scientifiques qui se distinguent déjà par leurs contributions :

1. Gitanjali Rao (née en 2005) : Nommée "Enfant de l'année" par le Time Magazine en 2020, Rao a inventé un dispositif permettant de détecter le plomb dans l'eau potable à l'âge de 11 ans. Elle travaille également sur des solutions utilisant l'intelligence artificielle pour lutter contre la cybercriminalité et les opioïdes.

2. Kiara Nirghin (née en 2000) : Cette Sud-Africaine a développé un super-absorbant biodégradable à base de pelures d'orange et d'avocat pour aider les sols à retenir l'eau pendant les sécheresses. Son innovation lui a valu le grand prix du concours scientifique Google en 2016.

3. Noor Siddiqui (née en 1997) : Fondatrice de Orchid, une startup utilisant l'intelligence artificielle pour améliorer le diagnostic et le traitement des maladies mentales. Elle a été nommée dans la liste Forbes 30 Under 30 en 2019.

Ces jeunes femmes, et beaucoup d'autres comme elles, représentent l'avenir brillant des femmes dans les STEM. Leurs innovations précoces promettent des avancées significatives dans des domaines allant de l'environnement à la santé mentale.

Initiatives pour encourager les femmes dans les STEM

Reconnaissant l'importance de la diversité dans l'innovation, de nombreuses initiatives ont vu le jour pour encourager et soutenir les femmes dans les STEM :

1. Girls Who Code : Cette organisation à but non lucratif vise à combler l'écart entre les sexes dans la technologie en proposant des programmes d'informatique aux jeunes filles.

2. L'Oréal-UNESCO Pour les Femmes et la Science : Ce programme international récompense et soutient les femmes scientifiques exceptionnelles tout au long de leur carrière.

3. WISE (Women in Science and Engineering) : Cette organisation britannique propose du mentorat, des formations et des ressources pour les femmes dans les STEM.

4. Athena SWAN : Cette charte reconnaît l'engagement des institutions d'enseignement supérieur et de recherche à promouvoir l'égalité des sexes.

Ces initiatives, et bien d'autres, jouent un rôle crucial dans la création d'un environnement plus inclusif et favorable aux femmes dans les domaines scientifiques et technologiques.

Défis persistants

Malgré les progrès réalisés, les femmes dans les STEM continuent de faire face à des défis significatifs :

1. Sous-représentation : Les femmes restent sous-représentées dans de nombreux domaines STEM, en particulier dans les postes de direction et les échelons supérieurs de la recherche.

2. Biais inconscients : Les préjugés de genre persistent dans l'évaluation des compétences et des performances scientifiques, affectant les opportunités de carrière et de financement.

3. Équilibre travail-vie personnelle : Les femmes scientifiques sont souvent confrontées à des difficultés pour concilier leur carrière avec leurs responsabilités familiales, en particulier dans les cultures académiques qui valorisent les longues heures de travail.

4. Harcèlement et discrimination : Malheureusement, le harcèlement sexuel et la discrimination de genre restent des problèmes dans de nombreux environnements scientifiques et technologiques.

5. Manque de modèles : Le manque de visibilité des femmes scientifiques accomplies peut décourager les jeunes filles d'envisager des carrières dans les STEM.

Perspectives d'avenir

Malgré ces défis, l'avenir des femmes dans les STEM est prometteur. Les initiatives de sensibilisation, les politiques d'inclusion et la visibilité croissante des femmes scientifiques contribuent à créer un environnement plus équitable.

De plus, la reconnaissance croissante de l'importance de la diversité pour l'innovation pousse de nombreuses organisations à activement recruter et promouvoir les femmes dans les STEM.

L'émergence de nouveaux domaines interdisciplinaires, tels que la bioingénierie, l'informatique quantique ou la science des données, offre également de nouvelles opportunités pour les femmes de faire leur marque.

Conclusion

Les pionnières d'aujourd'hui et de demain héritent d'un riche héritage de femmes scientifiques qui ont brisé les barrières et repoussé les frontières de la connaissance. Elles font face à des défis uniques, mais bénéficient également d'un soutien et d'opportunités sans précédent.

Alors que nous regardons vers l'avenir, il est clair que la pleine participation des femmes dans les STEM n'est pas seulement une question d'équité, mais aussi une nécessité pour le progrès scientifique et technologique. La diversité des perspectives et des expériences qu'apportent les femmes est essentielle pour relever les défis complexes auxquels notre monde est confronté.

En célébrant les réalisations des pionnières du passé, en soutenant les innovatrices d'aujourd'hui et en inspirant les scientifiques de demain, nous contribuons à créer un avenir où le potentiel de chaque individu, indépendamment du genre, peut s'épanouir pleinement dans la poursuite du savoir et de l'innovation.

CONCLUSION

Au terme de ce voyage à travers l'histoire des femmes pionnières en science et technologie, une vérité s'impose : l'innovation et le progrès scientifique ne connaissent pas de genre. Des mathématiques de l'Antiquité aux technologies émergentes du XXIe siècle, les femmes ont apporté des contributions essentielles à notre compréhension du monde et au développement technologique, souvent en dépit d'obstacles considérables.

Hypatia, Marie Curie, Grace Hopper, Rosalind Franklin, et tant d'autres ont non seulement fait progresser leurs domaines respectifs, mais ont également ouvert la voie aux générations futures de femmes scientifiques. Leurs parcours illustrent à la fois les défis auxquels les femmes ont été confrontées dans les milieux scientifiques et la persévérance remarquable dont elles ont fait preuve pour surmonter ces obstacles.

L'histoire de ces pionnières met en lumière l'importance cruciale de la diversité dans l'entreprise scientifique. Les perspectives uniques et les approches innovantes apportées par ces femmes ont souvent conduit à des percées significatives, démontrant que la science ne peut que s'enrichir de la pluralité des voix et des expériences.

Cependant, notre voyage ne s'arrête pas au présent. Les jeunes scientifiques d'aujourd'hui, comme Gitanjali Rao, Kiara Nirghin et Noor Siddiqui, portent le flambeau de l'innovation, s'attaquant à des défis mondiaux avec créativité et détermination. Leur enthousiasme et leurs réalisations précoces laissent présager un avenir prometteur pour les femmes dans les STEM.

Néanmoins, des défis persistent. La sous-représentation des femmes dans certains domaines, les biais inconscients, et les difficultés à concilier carrière et vie personnelle restent des obstacles à surmonter. Les initiatives visant à encourager et soutenir les femmes dans les STEM sont essentielles, mais elles doivent s'accompagner d'un changement culturel plus profond dans les milieux scientifiques et la société en général.

En fin de compte, l'histoire des femmes pionnières en science et technologie est une histoire d'inspiration et de transformation. Elle nous rappelle que le talent et le génie ne sont pas l'apanage d'un genre, et que le progrès scientifique est le mieux servi lorsque toutes les voix sont entendues et valorisées.

Alors que nous regardons vers l'avenir, nous devons continuer à célébrer ces pionnières, à soutenir les femmes scientifiques d'aujourd'hui, et à inspirer la prochaine génération. Car c'est dans la diversité des esprits et des perspectives que réside notre meilleur espoir de relever les défis complexes de notre temps et de façonner un avenir meilleur pour tous.

L'héritage de ces femmes remarquables nous rappelle que la science, dans sa quête de compréhension et d'innovation, ne devrait connaître aucune barrière - ni de genre, ni de race, ni de nationalité. C'est dans cet esprit d'inclusion et de curiosité sans limites que nous pourrons véritablement repousser les frontières de la connaissance et créer un monde où chaque individu, indépendamment de son genre, aura l'opportunité de contribuer au progrès scientifique et technologique.

BIBLIOGRAPHIE

Alic, M. (1986). Hypatia's Heritage: A History of Women in Science from Antiquity through the Nineteenth Century. Beacon Press.

Des Jardins, J. (2010). The Madame Curie Complex: The Hidden History of Women in Science. Feminist Press at CUNY.

Ignotofsky, R. (2016). Women in Science: 50 Fearless Pioneers Who Changed the World. Ten Speed Press.

Kramarae, C., & Spender, D. (Eds.). (2000). Routledge International Encyclopedia of Women: Global Women's Issues and Knowledge. Routledge.

Maddox, B. (2002). Rosalind Franklin: The Dark Lady of DNA. Harper Collins.

McGrayne, S. B. (2001). Nobel Prize Women in Science: Their Lives, Struggles, and Momentous Discoveries. Joseph Henry Press.

Oreskes, N. (1996). Objectivity or Heroism? On the Invisibility of Women in Science. Osiris, 11, 87-113.

Rossiter, M. W. (1982). Women Scientists in America: Struggles and Strategies to 1940. Johns Hopkins University Press.

Saini, A. (2017). Inferior: How Science Got Women Wrong - and the New Research That's Rewriting the Story. Beacon Press.

Schiebinger, L. (1989). The Mind Has No Sex?: Women in the Origins of Modern Science. Harvard University Press.

À PROPOS DE L'AUTEUR

Alex Zenman

« Pionnières de génie » est le second livre grand public d'Alex Zenman.

Dédié à ces femmes, souvent méconnues auxquelles nous devont tant. Cet ouvrage est un référenciel utile et un hommage qu'il était important de leur rendre.

www.ingramcontent.com/pod-product-compliance
Lightning Source LLC
Chambersburg PA
CBHW071843210526
45479CB00001B/264